天津市水利工程维修养护定额

黄河水利出版社
·郑州·

图书在版编目(CIP)数据

天津市水利工程维修养护定额/天津市水务局,天津市财政局主编. —郑州:黄河水利出版社,2020. 11
ISBN 978-7-5509-2880-0

Ⅰ.①天… Ⅱ.①天… ②天… Ⅲ.①水利工程-维修-预算定额-天津 Ⅳ.①TV512

中国版本图书馆 CIP 数据核字(2020)第 239396 号

出 版 社:黄河水利出版社　　网址:www. yrcp. com
地址:河南省郑州市顺河路黄委会综合楼 14 层　邮政编码:450003
发行单位:黄河水利出版社
发行部电话:0371-66026940、66020550、66028024、66022620(传真)
E-mail:hhslcbs@ 126. com
承印单位:广东虎彩云印刷有限公司
开本:850 mm×1 168 mm　1/32
印张:1. 75
字数:48 千字　　印数:1—1 000
版次:2020 年 11 月第 1 版　　印次:2020 年 11 月第 1 次印刷

定价:20. 00 元

主持单位　天津市水务局
　　　　　天津市财政局
承编单位　天津市大清河管理处
　　　　　中水北方勘测设计研究有限责任公司

审定委员会

主　任　梁宝双　孙富行
副主任　王立义　宁云龙　冯永军　周　军
　　　　王志高　孟祥和　宋静茹　吴亚斌
委　员　肖承华　康燕玲　王春生　唐永杰
　　　　刘振宇　刘文邦　刘宏领　邵继彭

编写委员会

王墨飞　冯东利　李宏强　刘玉鑫　孙瑀璠
姜睿涛　孙长利　于艳秋　刘承建　潘洪亮
宫　越　梅占敏　郭　红　李文刚　张淑鹏
孟江红　尹志洋　王　敏　苗　倩　李　梅
赵　健　丁兆亮　丁利明　王庆新　任鑫龙
吴立兴　张　蕾　左凤霞　王立群　王旭阳
韩　超　李　旭　高　超　张　超　李　颖
魏小东

总目录

第一篇

天津市水利工程维修养护预算编制办法

第一章　总　则

1.1　为合理确定天津市水利工程维修养护费用,统一维修养护预算编制方法,提高预算编制质量,结合天津市水利工程维修养护项目的特点,制定本编制办法。

1.2　本办法适用于天津市的水库、水闸、泵站、河道堤防、南水北调等工程的日常维修养护项目,不适用于水毁、滑坡、裂缝、渗漏、塌陷及非正常情况下的工程抢修、抢险、工程恢复等项目,也不包括新建、改扩建和加固工程。

1.3　本办法是编制和审批天津市水利工程维修养护预算和年度维修养护计划的依据。

1.4　本办法由天津市水务局负责管理与解释。

第二章　预算文件组成

天津市水利工程维修养护预算文件由封面、扉页、预算编制说明及维修养护费用预算表组成。

2.1　封面及扉页

封面应写明水管单位(或工程)名称、预算年度、编制单位及日期。扉页应填写编制、校核及审查人员名单。格式如图 2-1。

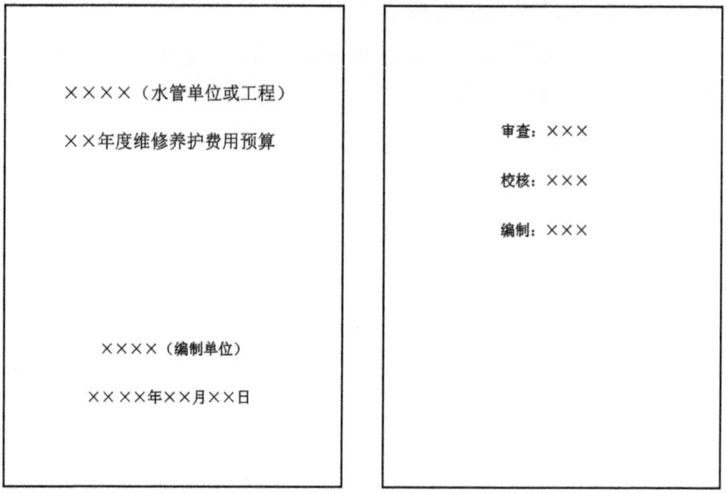

图 2-1　封面及扉页格式

2.2　预算编制说明

2.2.1　概述

介绍工程概况、维修养护主要项目及工作量、维修养护预算总费用等。

2.2.2　编制原则及依据

2.2.3　其他说明

说明与项目预算的编制有关但不能在预算表格中反映的事项。

2.3　维修养护费用预算表

包括如下两种表格：

(1)维修养护总预算表(格式见表一)；

(2)维修养护分部预算表(格式见表二)。

表一　维修养护总预算表

水管单位：________________

分部名称	合价(万元)	备注
第一部分　水工建筑物维修养护		
第二部分　水环境保洁		
第三部分　林草绿地养护		
第四部分　设备维修养护		
第五部分　附属设施及其他设施维修养护		
第六部分　其他费用		
维修养护费用合计		

表二　维修养护分部预算表

水管单位：________________

序号	定额编号	项目或费用名称	单位	数量	定额标准（元）	合价（万元）	备注

第三章　项目划分及编制办法

3.1　概述

天津市水利工程维修养护预算项目划分为六部分:第一部分　水工建筑物维修养护、第二部分　水环境保洁、第三部分　林草绿地养护、第四部分　设备维修养护、第五部分　附属设施及其他设施维修养护、第六部分 其他费用;各部分下设一、二、三级项目,二、三级项目中仅列示了代表性子目,可根据维修养护的实际情况进行增减或重新划分。

3.2　项目划分及编制方法

3.2.1　第一部分　水工建筑物维修养护

指为保证水库、河(渠)道(海堤)工程的水工建筑物的完整和正常运用,而进行的维修养护项目。一级项目分为水库、河(渠)道(海堤)等,二级项目根据建筑物的构成来划分,三级项目根据型式及类别来划分。

3.2.2　第二部分　水环境保洁

指水库、河(渠)道工程的水面及岸坡的保洁,包括水面保洁、岸坡保洁两大类。

3.2.3　第三部分　林草绿地养护

划分为草皮养护,乔木养护,灌木、绿篱养护,山林养护和树木防寒五大类。

3.2.4　第四部分　设备维修养护

包括金属结构设备、水闸机电设备和泵站机电设备维修养护三大类。

3.2.5 第五部分 附属设施及其他设施维修养护

包括生产房屋、生产桥。

3.2.6 第六部分 其他费用

本部分包括动力燃料消耗费、勘测设计费、招标代理费、工程建设监理费、仪器仪表检测鉴定费、变压器及供电线路代维护费及垃圾消纳费等费用。

(1)动力燃料消耗费。

指水利工程管理单位在进行正常的生产运行过程中消耗的动力燃料费用。包括生产运行用电、用柴油等费用。

生产运行消耗的电费(不包括自供电和办公、生活用电),根据实际消耗的电量和工程管理单位生产用电的价格计算。

生产运行消耗的柴油费,根据实际消耗的用量和当地柴油价格计算。

(2)勘测设计费。

选择设计单位进行设计时,参考《工程勘察设计收费管理规定》(计价格〔2002〕10号)计算勘测设计费。

(3)招标代理费。

水利工程管理单位委托招标代理机构从事编制招标文件,审查投标人资格,组织投标人踏勘现场并答疑,组织开标、评标、定标,以及提供招标前期咨询、协调合同的签订等业务时,参考《招标代理服务收费管理暂行办法》(计价格〔2002〕1980号)计算招标代理费。

(4)工程建设监理费。

选择具有一定资质的监理单位实施项目监理时,参考《建设工程监理与相关服务收费管理规定》(发改价格〔2007〕670号)计算工程建设监理费。

(5)仪器仪表检测鉴定费。

仪器仪表必须定期由主管部门进行检测和鉴定时,由此发生的费用根据相关部门收费规定或合同计列。

(6)变压器及供电线路代维护费。

必须由电力部门统一实施的变压器及供电线路代维护费,根据相关部门收费规定或合同计列。

(7)垃圾消纳费。

指水利工程管理单位对工程垃圾进行处理时需向相关部门缴纳的垃圾消纳费用,该部分费用需按实际发生的数量和费用单价计算。

3.3　项目划分表

第一部分　水工建筑物维修养护

序号	一级项目	二级项目	三级项目 (型式及类别)	单位
一	水库工程维修养护			
1		坝顶道路		
			水泥混凝土路面	元/(m^2·年)
			沥青混凝土路面	元/(m^2·年)
			泥结碎石路面	元/(m^2·年)
			预制混凝土块路面	元/(m^2·年)
			土路面	元/(m^2·年)
2		坝区道路		
			水泥混凝土路面	元/(m^2·年)
			沥青混凝土路面	元/(m^2·年)
			泥结碎石路面	元/(m^2·年)

续表

序号	一级项目	二级项目	三级项目（型式及类别）	单位
			预制混凝土块路面	元/(m^2·年)
			土路面	元/(m^2·年)
3		坝坡		
			浆砌石护坡	元/(m^2·年)
			干砌石护坡	元/(m^2·年)
			混凝土护坡	元/(m^2·年)
			预制混凝土块护坡	元/(m^2·年)
			土护坡	元/(m^2·年)
			渣石护坡	元/(m^2·年)
4		溢洪道		元/(座·年)
5		水闸		元/(座·年)
6		护栏(网)		元/(m·年)或[元/(m^2·年)]
7		其他建筑物		
			混凝土建筑物	元/(m^2·年)
			浆砌石建筑物	元/(m^2·年)
			干砌石建筑物	元/(m^2·年)
二	河(渠)道(海堤)工程维修养护			
1		堤顶道路		
			土路面	元/(m^2·年)

续表

序号	一级项目	二级项目	三级项目（型式及类别）	单位
2		巡河（渠）道路	水泥混凝土路面	元/(m^2·年)
			沥青混凝土路面	元/(m^2·年)
			泥结碎石路面	元/(m^2·年)
			混凝土地面砖路面	元/(m^2·年)
			土路面	元/(m^2·年)
3		护坡	水泥混凝土路面	元/(m^2·年)
			沥青混凝土路面	元/(m^2·年)
			泥结碎石路面	元/(m^2·年)
			混凝土地面砖路面	元/(m^2·年)
			浆砌石护坡	元/(m^2·年)
			干砌石护坡	元/(m^2·年)
			混凝土护坡	元/(m^2·年)
			预制混凝土块护坡	元/(m^2·年)
			土护坡	元/(m^2·年)
			渣石护坡	元/(m^2·年)
			灌浆石护坡	元/(m^2·年)
			栅栏板护坡	元/(m^2·年)

续表

序号	一级项目	二级项目	三级项目（型式及类别）	单位
4		挡土墙		
			浆砌石挡土墙	元/(m^2·年)
			灌砌石挡土墙	元/(m^2·年)
			混凝土挡土墙	元/(m^2·年)
5		水闸		元/(座·年)
6		泵站		元/(座·年)
7		橡胶坝		元/(m·年)
8		其他建筑物		
			混凝土建筑物	元/(m^2·年)
			浆砌石建筑物	元/(m^2·年)
			干砌石建筑物	元/(m^2·年)

第二部分 水环境保洁

序号	一级项目	二级项目	三级项目(型式及分类)	单位
一	水面保洁			
			水库水面保洁	元/(km^2·年)
			城区外河(渠)道水面保洁	元/(m^2·年)
			城区水面保洁	元/(m^2·年)
二	岸坡保洁			
			水库岸坡保洁	元/(m^2·年)
			城区外河(渠)道岸坡保洁	元/(m^2·年)
			城区河(渠)道岸坡保洁	元/(m^2·年)

第三部分　林草绿地养护

序号	一级项目	二级项目	三级项目 (型式及分类)	单位
一	草皮养护			元/(m^2·年)
二	乔木养护			元/(株·年)
三	灌木、绿篱养护			元/(株·年)
四	山林养护			元/(m^2·年)
五	树木防寒			元/(株·年)或 [元/(m^2·年)]

第四部分　设备维修养护

序号	一级项目	二级项目	三级项目 (型号及规格)	单位
一	金属结构设备			
		闸门维修养护		
			平板闸门	元/(座·年)
			弧形闸门	元/(座·年)
		启闭设备维修养护		
			卷扬式启闭机	元/(座·年)
			液压启闭机	元/(座·年)
			螺杆启闭机	元/(座·年)
二	水闸机电设备			元/(座·年)
三	泵站机电设备			元/(座·年)

第五部分　附属设施及其他设施维修养护

序号	一级项目	二级项目	三级项目(型式及分类)	单位
一	生产房屋			元/(m^2·年)
二	生产桥			元/(座·年)

第六部分　其他费用

序号	一级项目	二级项目
一	动力燃料消耗费	
二	勘测设计费	
三	招标代理费	
四	工程建设监理费	
五	仪器仪表检测鉴定费	
六	变压器及供电线路代维护费	
七	垃圾消纳费	

3.4　预算表编制

按项目划分方法排列各部分维修养护项目，填入相应的数量和定额标准后，计算合价，汇总产生各部分的维修养护分部预算表（表格格式见表二）。

计算第一至第六部分预算表后，汇总计算总预算表（表格格式见表一），产生工程维修养护总预算。

第二篇

天津市水利工程维修养护定额

定额总说明

一、《天津市水利工程维修养护定额》(简称本定额)依据大坝、堤防、设备等养护修理规程、市管河道工程管理工作标准(试行)、天津市水利工程维修养护实际资料,参考《水利建筑工程预算定额》及相关定额,结合天津市水利工程维修养护的特点进行编制。

二、本定额共五部分内容:

第一章　水工建筑物维修养护;

第二章　水环境保洁;

第三章　林草绿地养护;

第四章　设备维修养护;

第五章　附属设施及其他设施维修养护。

三、本定额适用于天津市水利工程的维修养护,是编制天津市水利工程维修养护预算和年度维修养护计划的依据。主管部门根据物价水平变动状况,定期或不定期调整本定额指标。

四、定额中维修养护是指日常维修保养,即为保持工程及附属设施的完整和正常运用所进行的预防性保养和轻微损坏部分的修补,不包括设施主体结构的修复和更新;为保证设备的正常运转及维护设备的原有功能而进行的清洁、紧固、调整、润滑及检修等,不包括设备大修。维修养护的具体内容见定额各章说明。

五、章说明的"工作内容",仅扼要说明主要施工过程及工序,次要的施工过程、施工工序和必要的辅助工作,虽未列出,但已包括在定额中。

六、定额标准按正常的施工条件,合理的施工组织、施工工艺编制,并已综合考虑了维修养护工程的作业面分散等因素。

七、定额标准既包含维修养护所需的人工费、材料费、机械费等直接费内容,也包括间接费、企业利润和税金等取费项目。

八、定额表头用数字表示的适用范围：只用一个数字表示的，只适用于数字本身。当需要选用的定额介于两子目之间或之外时，采用插值法进行调整。

九、定额中机电设备包括变配电设备、电动机、柴油发电机、控制保护设备、通信设备、通风机、大坝电梯、避雷设备、自动控制设备等。

十、定额水平为编制年度价格水平。在使用过程中，使用单位可根据实际情况相应调整。

第一章　水工建筑物维修养护

章　说　明

一、本章包括坝顶水泥混凝土路面、坝顶沥青混凝土路面、坝坡浆砌石护坡、坝坡干砌石护坡、溢洪道、水闸、堤顶水泥混凝土路面、堤顶沥青混凝土路面、橡胶坝等定额标准，共15节87个子目。

二、本章定额计量单位：道路按路面面积计算；护坡、其他砌石及混凝土建筑物按外露表面面积计算；橡胶坝坝袋按长度计算。

三、本章定额单位：道路为“元/(10000 m^2·年)”，溢洪道、水闸、泵站为“元/(座·年)”，护坡、挡土墙、其他建筑物为“元/(1000 m^2·年)”，金属护栏、橡胶坝为“元/(100 m·年)”，金属护网为“元/(100 m^2·年)”。

四、水闸工程维修养护等级分为三级八等，划分标准见表1。

表1　水闸工程维修养护等级划分表

级别	大型				中型		小型	
等别	一	二	三	四	五	六	七	八
流量 Q (m^3/s)	$Q\geq$ 10000	5000≤ $Q<10000$	3000≤ $Q<5000$	1000≤ $Q<3000$	500≤ $Q<1000$	100≤ $Q<500$	10≤ $Q<100$	$Q<10$
孔口面积 A (m^2)	$A\geq$ 2 000	800≤ $A<2000$	600≤ $A<1100$	400≤ $A<900$	200≤ $A<400$	50≤ $A<200$	10≤ $A<50$	$A<10$

注：同时满足流量及孔口面积两个条件，即为该等级水闸。只具备其中一个条件的，其等级降低一等。水闸流量按校核过闸流量大小划分，无校核过闸流量的以设计过闸流量为准。

五、泵站工程维修养护等级分为五等，具体划分标准按表2执行。

表 2　泵站工程维修养护等级划分表

级别	大型站	中型站			小型站
等别	一	二	三	四	五
装机容量 P(kW)	$P \geqslant 10000$	$5000 \leqslant P < 10000$	$1000 \leqslant P < 5000$	$100 \leqslant P < 1000$	$P < 100$

六、附属设施维修养护，如工程检测检查、排水沟维修及疏通、观测设施、标志牌(碑)、管理区道路、围墙等，已摊销在主体水工建筑物维修养护定额内，不单独列项计算。

七、水库工程和河(渠)道(海堤)工程的其他建筑物维修养护定额(一-1-7 和一-2-8)分别适用于水库工程和河(渠)道(海堤)工程中前几节中未包括的其他砌石及混凝土建筑物养护(包括检测检查、表面杂草杂物清除、冰冻期表面积水清除、淤积物清除、伸缩缝养护、排水孔养护等)。

八、各节工作内容。

坝顶(坝区)水泥混凝土路面和坝顶(坝区)沥青混凝土路面：路面拆除修补、维护，路肩维护、路缘石及小型管理设施(百米桩等)的更换、维护，防浪墙维护，附属设施维护等。

坝顶(坝区)泥结碎石路面：路面修补、维护，路肩维护，小型管理设施(百米桩等)的更换、维护，防浪墙维护，附属设施维护等。

坝顶(坝区)预制混凝土块路面：损坏面层拆除，更换预制混凝土块，路肩维护，小型管理设施(百米桩等)的更换、维护，防浪墙维护，附属设施维护等。

坝顶(坝区)土路面：保持坝顶高程，填坑和整平，路肩维护，小型管理设施(百米桩等)更换、维护，防浪墙维护，附属设施维护等。

浆砌块石护坡、浆砌卵石护坡、浆砌石挡土墙：巡视检查，拔草，修补勾缝，损坏砌体拆除、翻修，清运，附属设施维护等。

干砌块石护坡和干砌卵石护坡：巡视检查，拔草，整理，损坏砌体拆除、翻修，补充填缝碎石，清运，附属设施维护等。

混凝土护坡和混凝土挡土墙：巡视检查，拔草，空蚀剥蚀磨损混凝土拆除、修补，裂缝处理，清运，附属设施维护等。

预制混凝土块护坡：巡视检查，拔草，修补勾缝，损坏砌体拆除、翻修，清运，附属设施维护等。

土护坡：巡视检查，拔草，养护土方、修坡，草皮养护，清运，附属设施维护等。

渣石护坡：巡视检查，拔草，修整坡面、补充渣石，清运，附属设施维护等。

灌砌石护坡：巡视检查，修补勾缝，损坏混凝土及砌体拆除、翻修，清运，附属设施维护等。

栅栏板护坡：巡视检查、栅栏板吊离、抛石垫层修复、栅栏板吊装复位、附属设施维护等。

溢洪道：巡视检查、拔草、养护土方、护坡护底维修养护、防冲设施破坏处理、反滤排水设施维修养护、混凝土破损修补、裂缝处理、伸缩缝填料填充、附属设施维护等。

水闸：巡视检查、拔草、养护土方、护坡护底维修养护、防冲设施破坏处理、反滤排水设施维修养护、混凝土破损修补、裂缝处理、伸缩缝填料填充、机房及管理房维修养护、护栏维修养护、附属设施维护等。

护栏和护网：巡视检查，拆除旧料、修整安装，除锈，刷漆等。

其他建筑物：巡视检查，表面杂草、杂物清除，冰冻期表面积水清除，淤积物清除，伸缩缝养护，排水孔养护等。

堤顶（巡河）土路面：保持堤顶高程，填坑和整平，路肩维护，小型管理设施（百米桩等）更换、维护，附属设施维护等。

堤顶(巡河)水泥混凝土路面和堤顶(巡河)沥青混凝土路面:路面拆除修补、维护,路肩维护,路缘石及小型管理设施(百米桩等)的更换、维护,附属设施维护等。

堤顶(巡河)泥结碎石路面:路面修补、维护,路肩维护,路缘石及小型管理设施(百米桩等)的更换、维护,附属设施维护等。

堤顶(巡河)混凝土地面砖路面:损坏面层拆除,更换混凝土地面砖,路肩维护,小型管理设施(百米桩等)的更换、维护,附属设施维护等。

灌砌石挡土墙:巡视检查,拔草,整理,损坏砌体拆除、翻修,补充填缝碎石,清运,附属设施维护等。

泵站:主厂房、副厂房等生产用房维修养护,砌石护坡挡土墙等维修养护,进水池、前池等混凝土建筑物维修养护,排水沟、电缆沟等维修及疏通,监控、监测等附属设施维护等。

橡胶坝:磨毛、涂胶、粘贴、整平,坝袋锚固件、充泄水管路维护修理等。

一、水库工程维修养护

一-1-1　坝顶道路

单位：元/（10000 m^2·年）

项目	水泥混凝土路面		沥青混凝土路面		泥结碎石路面	预制混凝土块路面	土路面
	水泥混凝土面层厚度		沥青混凝土面层厚度				
	22 cm	每增减 1 cm	6 cm	每增减 1 cm			
定额标准	12584	363	9404	1114	9482	8556	3480
定额编号	1001	1002	1003	1004	1005	1006	1007

一-1-2 坝区道路

单位：元/（10000 m^2·年）

项目	水泥混凝土路面		沥青混凝土路面		泥结碎石路面	预制混凝土块路面	土路面
	水泥混凝土面层厚度		沥青混凝土面层厚度				
	22 cm	每增减 1 cm	6 cm	每增减 1 cm			
定额标准	10067	290	7523	891	7586	6845	2784
定额编号	1008	1009	1010	1011	1012	1013	1014

一-1-3 坝坡

单位：元/（1000 m^2·年）

项目	浆砌石护坡		干砌石护坡		混凝土护坡	预制混凝土块护坡	土护坡	渣石护坡
	浆砌块石	浆砌卵石	干砌块石	干砌卵石				
定额标准	1491	1456	926	954	665	775	320	399
定额编号	1015	1016	1017	1018	1019	1020	1021	1022

一-1-4　溢洪道

单位:元/(座·年)

项目	流量 Q(m^3/s)							
	$Q\geq10000$	$5000\leq Q<10000$	$3000\leq Q<5000$	$1000\leq Q<3000$	$500\leq Q<1000$	$100\leq Q<500$	$10\leq Q<100$	$Q<10$
养护土方	13034	13034	10862	10862	6517	6517	4345	4345
砌石护坡护底维修养护	86713	73322	52887	34196	20806	11951	8244	4613
防冲设施破坏抛石处理	8233	6174	3567	1647	878	549	412	274
反滤排水设施维修养护	15138	11354	6560	3028	1346	841	673	421
混凝土破损修补	241631	181223	96983	51000	27464	17165	8384	3895
裂缝处理	418198	313648	158567	91481	41820	26137	5227	1742
伸缩缝填料填充	3174	3174	2539	2539	2116	1904	846	423
定额标准	786121	601929	331965	194753	100947	65064	28131	15713
定额编号	1023	1024	1025	1026	1027	1028	1029	1030

一-1-5 水闸

单位：元/(座·年)

项目	大(一)	大(二)	大(三)	大(四)	中(五)	中(六)	小(七)	小(八)
养护土方	10862	10862	9051	9051	5431	5431	3621	3621
砌石护坡护底维修养护	72260	61102	44072	28497	17338	9959	6870	3844
防冲设施破坏抛石处理	6860	5145	2973	1372	732	457	343	229
反滤排水设施维修养护	12615	9461	5467	2523	1121	701	561	350
混凝土破损修补	201359	151019	80819	42500	22887	14304	6987	3246
裂缝处理	348498	261374	132139	76234	34850	21781	4356	1452
伸缩缝填料填充	2645	2645	2116	2116	1763	1587	705	353
机房及管理房维修养护	20196	17226	12474	10890	8316	3960	2178	1386
护栏维修养护	6029	6029	5359	4019	3350	3350	1005	670
定额标准	681324	524863	294470	177202	95788	61530	26625	15151
定额编号	1031	1032	1033	1034	1035	1036	1037	1038

—-1-6 护栏(网)

项目	金属护栏[元/(100 m·年)]	金属护网[元/(100 m^2·年)]
定额标准	609	609
定额编号	1039	1040

—-1-7 其他建筑物

单位:元/(1000 m^2·年)

项目	混凝土建筑物	浆砌石建筑物	干砌石建筑物
定额标准	399	895	556
定额编号	1041	1042	1043

二、河(渠)道(海堤)工程维修养护

一-2-1 堤顶道路

单位:元/(10000 m^2·年)

项目	土路面	水泥混凝土路面		沥青混凝土路面		泥结碎石路面	混凝土地面砖路面
		水泥混凝土面层厚度		沥青混凝土面层厚度			
		22 cm	每增减 1 cm	6 cm	每增减 1 cm		
定额标准	2757	6239	218	4366	669	4427	3873
定额编号	1044	1045	1046	1047	1048	1049	1050

一-2-2 巡河(渠)道路

单位:元/(10000 m^2·年)

项目	土路面	水泥混凝土路面		沥青混凝土路面		泥结碎石路面	混凝土地面砖路面
		水泥混凝土面层厚度		沥青混凝土面层厚度			
		22 cm	每增减 1 cm	6 cm	每增减 1 cm		
定额标准	2205	4991	174	3493	535	3541	3098
定额编号	1051	1052	1053	1054	1055	1056	1057

一-2-3　河(渠)道(海堤)护坡

单位:元/(1000 m²·年)

项目	浆砌石护坡		干砌石护坡		混凝土护坡
	浆砌块石	浆砌卵石	干砌块石	干砌卵石	
定额标准	1265	964	847	876	593
定额编号	1058	1059	1060	1061	1062

项目	预制混凝土块护坡	土护坡	渣石护坡	灌砌石护坡	栅栏板护坡
定额标准	619	280	310	1301	1709
定额编号	1063	1064	1065	1066	1067

一-2-4　河(渠)道(海堤)挡土墙

单位:元/(1000 m²·年)

项目	浆砌石挡土墙	灌砌石挡土墙	混凝土挡土墙
定额标准	1122	1162	595
定额编号	1068	1069	1070

一-2-5　水闸

单位：元/(座·年)

项目	大(一)	大(二)	大(三)	大(四)	中(五)	中(六)	小(七)	小(八)
养护土方	9874	9874	8228	8228	4937	4937	3291	3291
砌石护坡护底维修养护	65691	55547	40066	25906	15762	9054	6245	3494
防冲设施破坏抛石处理	6237	4678	2703	1247	665	416	312	208
反滤排水设施维修养护	11468	8601	4970	2294	1019	637	510	319
混凝土破损修补	183054	137290	73472	38636	20806	13004	6352	2951
裂缝处理	316817	237612	120126	69304	31682	19801	3960	1320
伸缩缝填料填充	2404	2404	1923	1923	1603	1443	641	321
机房及管理房维修养护	18360	15660	11340	9900	7560	3600	1980	1260
护栏维修养护	5481	5481	4872	3654	3045	3045	914	609
定额标准	619386	477147	267700	161092	87079	55937	24205	13773
定额编号	1071	1072	1073	1074	1075	1076	1077	1078

注：对于特别重要、有特殊要求的闸，可以在上述定额标准基础上乘以 1.05~1.2 调整系数。

一-2-6　泵站

单位:元/(座·年)

序号	子目划分	大型站	中型站			小型站
		一	二	三	四	五
一	泵站建筑物维修养护	125350	109470	85252	26993	9214
1	泵房维修养护	46800	37800	28800	6720	2160
2	砌石护坡挡土墙维修养护	18749	16505	12602	8942	4489
	勾缝修补	5866	5168	3841	2758	1397
	损毁修复	12883	11337	8761	6184	3092
3	进出水池清淤	57267	53025	42420	10605	2121
4	进水渠维修养护	2534	2140	1430	726	444
二	进水闸维修养护	19953	19954	19954	10960	10960
三	监测设备及检测	2906	2588	2104	759	403
四	排水沟、电缆沟等维修及疏通	2906	2588	2104	759	403
	定额标准	151115	134600	109414	39471	20980
	定额编号	1079	1080	1081	1082	1083

一-2-7 橡胶坝

单位：元/(100 m · 年)

项目	橡胶坝
定额标准	3262
定额编号	1084

一-2-8 其他建筑物

单位：元/(1000 m^2 · 年)

项目	混凝土建筑物	浆砌石建筑物	干砌石建筑物
定额标准	356	759	508
定额编号	1085	1086	1087

第二章　水环境保洁

章　说　明

一、水环境保洁定额适用于有保洁要求的水库和河(渠)道。水环境保洁工作包括:清除水面(冰面)漂浮物、废弃物,打捞水草;清除岸坡、道路的白色垃圾、堆物、堆料等;清运收集的废弃物;按照规定扫雪铲冰等,不含垃圾消纳费。

二、本章包括水库水面保洁、水库岸坡保洁、城区外河(渠)道水面保洁、城区外河(渠)道岸坡保洁、城区水面保洁、城区河(渠)道岸坡保洁等定额标准,共1节8个子目。适用于有保洁要求的水环境保洁及一级行洪、排污河道漂浮物打捞。

三、水库水面保洁,工作范围为水库水环境的保洁,工作内容包括人工乘船打捞漂浮物,运至岸上集中按5 km运距运走。水库岸坡保洁,工作范围为水库岸坡保洁,工作内容包括人工乘船打捞漂浮物,运至岸上,按1 km运距运走。城区外河(渠)道水面保洁,工作范围为城区外河(渠)道水面的保洁,工作内容包括人工乘船打捞漂浮物,运至岸上,按1 km运距运走。城区外河(渠)道岸坡保洁,工作范围为城区外河(渠)道岸坡保洁,工作内容包括人工乘船打捞漂浮物,运至岸上,按1 km运距运走。城区水面保洁,工作范围为城市河道水面的保洁,工作内容包括人工乘船打捞水草、漂浮物,运至岸上集中按5 km运距运走。城区河(渠)道岸坡保洁,工作范围为城区河(渠)道岸坡保洁,工作内容包括人工拾捡白色垃圾、纸片等。运至岸上集中按1 km运距运走。

二-1 水环境保洁

项目	水库水面保洁	水库岸坡保洁	城区外河(渠)道水面保洁	城区外河(渠)道岸坡保洁	城区水面保洁		城区河(渠)道岸坡保洁	
					一级河道	二级河道	一级河道	二级河道
单位	元/(km^2·年)	元/(1000 m^2·年)	元/(1000 m^2·年)	元/(1000 m^2·年)	元/(1000 m^2·年)		元/(1000 m^2·年)	
定额标准	57401	498	612	553	6212	4659	3858	2894
定额编号	2001	2002	2003	2004	2005	2006	2007	2008

第三章　林草绿地养护

章　说　明

一、本章包括草皮养护，乔木养护，灌木、绿篱养护，山林养护及树木防寒等定额标准，共1节10个子目。

二、本章适用于管理范围内的林草绿地的日常养护工作。草皮养护，适用范围为人工草皮养护，工作内容包括清除杂草、病虫防治、空当补缺、浇水施肥、清理、修剪等。乔木养护中，成林养护工作内容包括病虫防治、浇水、清理、修剪等；幼林养护工作内容包括病虫防治、浇水、施肥、锄草、清理、修剪等。灌木、绿篱养护，工作内容包括清除杂草、病虫防治、空当补缺、浇水施肥、清理、修剪等，其中绿篱不分规格每延米折合1株。山林养护，适用范围为人工林及天然林，工作内容包括除草、修枝、浇水、喷药等。树木防寒，适用范围为当年新植树木的越冬防寒，工作内容包括材料搬运、绕干、立支架、钉桩栓拉绳、固定防风席、清理；人工培土。

三、定额标准中已综合考虑了中、小机械使用费用，不论使用何种机械或不使用机械人工操作，均不调整。

三-1 林草绿地养护

项目	草皮养护		乔木养护		灌木、绿篱养护		山林养护	树木防寒		
	暖地型	冷地型	成林养护	幼林养护	灌木	绿篱		乔木	灌木	绿篱
单位	元/(100 m^2·年)		元/(100株·年)		元/(100株·年)		元/(1000 m^2·年)	元/(100株·年)		元/(100 m^2·年)
定额标准	551	813	617	1894	589	541	243	206	325	703
定额编号	3001	3002	3003	3004	3005	3006	3007	3008	3009	3010

第四章　设备维修养护

章　说　明

一、本章包括闸门、启闭机、水闸机电设备、泵站机电设备维修养护,共4节,53个子目。

二、本章定额适用于天津市水利工程机电及金属结构设备的日常维修养护。

三、本章定额单位为“元/(座·年)”。

四、闸门包括平板闸门和弧形闸门及检修门。维修养护工作内容包括:闸门旧止水、压板、螺栓、螺母等拆除及更换,新垫板、压板钻孔,新止水安装;对闸门的表面涂层进行定期检查,发现局部锈斑、针状锈迹时及时进行局部修补;局部构件、行走及支承装置,出现锈损、磨损变形及时进行加固或更换;主轮机构等及时注油润滑。

五、启闭机包括卷扬启闭机、液压启闭机、螺杆启闭机。维修养护工作内容包括:

(1)卷扬启闭机:机体表面保持清洁,定期采用涂料保护;钢丝绳定期清洗保养,涂抹防水油脂;传动件部位保持润滑、油量充足;零配件损坏及时更换;制动装置适时调整,保持灵活、制动可靠、封堵器维护等。

(2)液压启闭机:液压油检查,必要时过滤或更换,油封检查,油压系统检查,油泵阀组检查调整,定期擦拭活塞杆表面,操作控制系统检查调整,零星补漆等。

(3)螺杆启闭机:机座、电动机外壳清洁;螺杆清洁、涂油;零星补漆等。

六、水闸机电设备维修养护工作内容包括：

(1)电动机外壳清洁、无锈，轴承如松动磨损及时更换，定期清洗换油，绕组定期检测。

(2)操作设备维修养护：保持集中控制室，开关箱和机旁屏、柜、台干净整洁；要防雨、防潮，各种开关，继电保护装置保持干净，触点良好，接头牢固，主令控制器及限位装置保持定位准确可靠，触点无烧毛现象；各部位的仪表、信号灯损坏要更换新配件，出现故障要及时调试准确，固定螺丝紧固；及时更换动作不灵活、接触不良的各转换开关、空气开关及操作按钮；定期检验接触的各项指标，不符合要求的，要更换元件；保险丝按规定规格使用，严禁用其他金属丝代替。

(3)配电盘、低压配电柜、控制盘等设备整体进行清扫、动作检查、更换老化损坏零件、电器试验。

(4)输变电系统中各种线路防止发生漏电、短路、断路、虚连等现象，保持线路通畅；定期测量导线绝缘值，变压器外壳油枕等装置定期清扫，定期抽验油质，及时加油等。

(5)指示仪表及避雷器等均按规定定期校验，检测接地电阻保持接地完好；防腐涂层破损及时修补；建筑物的防雷设施保证安全运行等。

七、泵站设备维修养护主要工作内容包括：

(1)主机组维修养护：对水泵本体、电机本体等外壳进行清扫，如有锈蚀进行除锈刷漆，检查水泵轴承是否锈蚀 ，对地脚螺栓和锁定元件、连接螺栓和锁定元件，进行紧固度检查、滑环、碳刷、示流器检修及更换等。

(2)输变电系统维修养护：各种线路防止发生漏电、短路、断路、虚连等现象，保持线路通畅，定期测量导线绝缘值；变压器外壳油枕等装置定期清扫，定期抽验油质，及时加油等。

(3)操作设备维修养护：高压开关柜、励磁装置、控制保护系统、直流系统及其他操作控制设备保持干净,防雨防潮,各种开关继电保护装置保持干净,触点良好,接头牢固。各部位的仪表、信号灯及开关操作按钮等定位准确操作灵活,定期检测各项指标。

(4)配电设备维修养护:控制盘、配电盘、低压配电柜等设备整体清扫、动作检查、电器试验。

(5)避雷设施维修养护:指示仪表及避雷器等避雷设施按规定定期校验。

(6)油气水系统维修养护:定期检查维护和保养,保持油气水管道接头密封良好,发现渗漏现象及时处理,定期防锈刷漆。

(7)拦污栅清污机维修养护:定期检修保养,定期启动清污机进行保养性运转。

(8)起重设备维修养护:起重设备外观清洁,车体各结构部位螺栓紧固无松动,各部位操作动作灵活、正确、可靠,行走机构行走正常,相关部位润滑良好;检查钢丝绳两端绳头紧固,在卷筒排列整齐,端部在卷筒上固定牢固可靠,润滑良好,无沾有异物和无明显断丝;滑轮旋转灵活,吊钩无裂纹,升降旋转灵活、可靠等。

(9)廊道排水设备维修养护:对水泵本体、电机本体等外壳进行清扫。如有锈蚀进行除锈刷漆,检查水泵轴承是否锈蚀,地脚螺栓和锁定元件、连接螺栓和锁定元件紧固无松动。

(10)工器具设备维修养护:指用于日常维修用的工器具设备。设备外观清洁,车体各结构部位螺栓紧固无松动,各部位操作动作灵活、正确、可靠,行走机构行走正常,相关部位润滑良好。

四-1　闸门

适用范围:水闸闸门维修养护。

四-1-1　平板闸门

单位:元/(座·年)

项目	水闸流量(m^3/s)							
	10000	7500	4000	2000	750	300	55	10
(1)止水更换	346918	260321	150349	86597	37709	23369	6362	3181
(2)闸门防腐	240695	180521	91263	52652	24069	15043	3009	1003
(3)闸门杂物清理	72000	54000	31200	18000	9600	6000	2400	1200
定额指标	659613	494842	272812	157249	71378	44412	11771	5384
定额编号	4001	4002	4003	4004	4005	4006	4007	4008

注:1. 流量的调整:按直线内插法计算,超过范围的按直线外延法。

2. 流量 10 $m^3/s > Q \geq 5$ m^3/s,定额乘以系数 0.5;流量 5 $m^3/s > Q \geq 3$ m^3/s,定额乘以系数 0.4;流量 3 $m^3/s > Q \geq 1$ m^3/s,定额乘以系数 0.3。

3. 对于沿海闸站,定额指标乘以系数 1.1。

4. 对于铸铁闸门,定额指标乘以系数 0.85。

四-1-2　弧形闸门

单位:元/(座·年)

项目	水闸流量(m^3/s)							
	10000	7500	4000	2000	750	300	55	10
(1)止水更换	381610	286353	165384	95256	41480	25706	6998	3499
(2)闸门防腐	264764	198573	100390	57917	26476	16548	3310	1103
(3)闸门杂物清理	79200	59400	34320	19800	10560	6600	2640	1320
定额指标	725574	544326	300094	172973	78516	48854	12948	5922
定额编号	4009	4010	4011	4012	4013	4014	4015	4016

注:1. 流量的调整:按直线内插法计算,超过范围的按直线外延法。

2. 流量 10 $m^3/s>Q\geqslant5$ m^3/s,定额乘以系数 0.5;流量 5 $m^3/s>Q\geqslant3$ m^3/s,定额乘以系数 0.4;流量 3 $m^3/s>Q\geqslant1$ m^3/s,定额乘以系数 0.3。

3. 对于沿海闸站,定额指标乘以系数 1.1。

四-2　启闭机

四-2-1　卷扬启闭机

适用范围：卷扬启闭机维修养护。

单位：元/(座·年)

项目	水闸流量(m^3/s)							
	10000	7500	4000	2000	750	300	55	10
(1)机体表面防腐	85112	63834	31964	18441	8322	4728	1135	426
(2)钢丝绳维修养护	93679	70259	40594	23420	12491	7807	3123	1561
(3)传动装置养护	74943	56207	32475	18736	9992	6245	2498	1249
(4)配件更换	按启闭机资产的1.5%计算							
定额指标	253734	190300	105033	60597	30805	18780	6756	3236
定额编号	4017	4018	4019	4020	4021	4022	4023	4024

注：1. 流量的调整：按直线内插法计算，超过范围的按直线外延法。

2. 流量 10 $m^3/s > Q \geq 5$ m^3/s，定额乘以系数0.5；流量 5 $m^3/s > Q \geq 3$ m^3/s，定额乘以系数0.4；流量 3 $m^3/s > Q \geq 1$ m^3/s，定额乘以系数0.3。

3. 流量为4000 m^3/s 的启闭机为26台；流量为2000 m^3/s 的启闭机为15台；流量为750 m^3/s 的启闭机为8台；流量为300 m^3/s 的启闭机为5台；流量为55 m^3/s 的启闭机为2台，每增减一台，定额指标增减系数依次为0.038、0.06、0.125、0.2、0.5。

四-2-2　液压启闭机

适用范围：液压启闭机维修养护。

单位：元/(座·年)

项目	水闸流量(m^3/s)							
	10000	7500	4000	2000	750	300	55	10
(1)机体表面防腐	76601	57451	28768	16597	7490	4256	1021	383
(2)液压系统维修养护	84311	63233	36535	21078	11241	7026	2810	1405
(3)传动装置养护	67449	50587	29228	16862	8993	5621	2248	1124
(4)配件更换	按启闭机资产的1.5%计算							
定额指标	228361	171271	94531	54537	27724	16903	6079	2912
定额编号	4025	4026	4027	4028	4029	4030	4031	4032

注：1. 流量的调整：按直线内插法计算，超过范围的按直线外延法。

2. 流量 10 $m^3/s>Q\geq5$ m^3/s，定额乘以系数 0.5；流量 5 $m^3/s>Q\geq3$ m^3/s，定额乘以系数 0.4；流量 3 $m^3/s>Q\geq1$ m^3/s，定额乘以系数 0.3。

3. 流量为 4000 m^3/s 的启闭机为 26 台；流量为 2000 m^3/s 的启闭机为 15 台；流量为 750 m^3/s 的启闭机为 8 台；流量为 300 m^3/s 的启闭机为 5 台；流量为 55 m^3/s 的启闭机为 2 台。每增减一台，定额指标增减系数依次为 0.038、0.06、0.125、0.2、0.5。

四-2-3　螺杆启闭机

适用范围:螺杆启闭机维修养护。

单位:元/(座·年)

项　目	水闸流量(m^3/s)							
	10000	7500	4000	2000	750	300	55	10
(1)机体表面防腐	59578	44684	22375	12909	5825	3310	794	298
(2)螺杆维修养护	65575	49182	28416	16394	8743	5465	2186	1093
(3)传动装置养护	52460	39345	22733	13115	6995	4372	1749	874
(4)配件更换	按启闭机资产的1.5%计算							
定额指标	177613	133211	73524	42418	21563	13147	4729	2265
定额编号	4033	4034	4035	4036	4037	4038	4039	4040

注:1. 流量的调整:按直线内插法计算,超过范围的按直线外延法。

2. 流量 10 $m^3/s > Q \geq 5$ m^3/s,定额乘以系数0.5;流量5 $m^3/s > Q \geq 3$ m^3/s,定额乘以系数0.4;流量3 $m^3/s > Q \geq 1$ m^3/s,定额乘以系数0.3。

3. 流量为4000 m^3/s 的启闭机为26台;流量为2000 m^3/s 的启闭机为15台;流量为750 m^3/s 的启闭机为8台;流量为300 m^3/s 的启闭机为5台;流量为55 m^3/s 的启闭机为2台。每增减一台,定额指标增减系数依次为0.038、0.06、0.125、0.2、0.5。

四-3　水闸机电设备

适用范围：水闸机电设备维修养护。

单位：元/(座·年)

项目	水闸流量(m^3/s)							
	10000	7500	4000	2000	750	300	55	10
(1)电动机维修养护	84311	63233	36535	21078	11241	7026	2810	1405
(2)操作设备维修养护	56207	42156	24357	14052	7494	4684	1874	937
(3)配电设备维修养护	26230	22015	11866	8743	5621	3591	2186	1874
(4)输变电系统维修养护	44966	35598	21858	14989	9680	7807	3123	1561
(5)避雷设施维修养护	3747	3513	2342	2108	937	937	468	468
(6)配件更换	按设备资产的1.5%计算							
自动控制设施维修养护	按设备资产的5%计算							
定额指标	215461	166515	96958	60970	34973	24045	10461	6245
定额编号	4041	4042	4043	4044	4045	4046	4047	4048

注：1. 本节定额适用于卷扬启闭机的机电设备维修养护。液压启闭机的机电设备维修养护，定额乘以系数0.9；螺杆启闭机的机电设备维修养护，定额乘以系数0.7。

2. 流量的调整：按直线内插法计算，超过范围的按直线外延法。

3. 流量 $10\ m^3/s > Q \geq 5\ m^3/s$，定额乘以系数0.5；流量 $5\ m^3/s > Q \geq 3\ m^3/s$，定额乘以乘数0.4；流量 $3\ m^3/s > Q \geq 1\ m^3/s$，定额乘以乘数0.3。

四-4 泵站机电设备

适用范围:泵站机电设备维修养护。

单位:元/(座·年)

项目	泵站总装机容量(kW)				
	10000	7500	3000	550	100
机电设备维修养护					
(1)主机组维修养护	289469	217023	86809	20922	5621
(2)输变电系统维修养护	30758	26855	16862	8119	3903
(3)操作设备维修养护	82282	51211	20453	8743	5308
(4)配电设备维修养护	96490	72445	28884	6870	1874
(5)避雷设施维修养护	3435	2967	1717	1093	312
(6)配件更换	按设备资产的1.5%计算				
辅助设备维修养护					

续表

项　　目	泵站总装机容量(kW)				
	10000	7500	3000	550	100
(1)油气水系统维修养护	124593	90713	37472	15613	9056
(2)拍门拦污栅等维修养护	16550	12334	4996	3435	2342
(3)起重设备维修养护	10773	8119	3279	2030	1249
(4)廊道排水设备维修养护	62297	45356	18736	7807	4528
(5)工器具设备维修养护	3232	2436	984	609	375
(6)配件更换	按设备资产的1.5%计算				
自动控制设施维修养护	按设备资产的5%计算				
定额指标	719879	529459	220192	75241	34568
定额编号	4049	4050	4051	4052	4053

注：1. 装机功率系指包括备用机组在内的单站指标。
2. 以上各项维修养护内容根据泵站实际项目计列。

第五章　附属设施及其他设施维修养护

章　说　明

一、本章包括生产房屋、生产桥维修养护定额标准，共 1 节 5 个子目。

二、本章定额单位：生产房屋为元/(m^2 · 年)，生产桥为“元/(座 · 年)”。

三、本章定额适用于闸站区以外的生产运行房屋的养护维修。

四、生产房屋维修养护的工作内容包括对破损、漏雨房屋及时进行养护修理，保持内外墙、屋面、门窗等完好，防止预制构件连接件腐蚀，做好钢结构构件局部脱漆的修补等。

五、生产桥维修养护的工作内容包括巡视检查、日常养护等。

五-1　附属设施及其他设施维修养护

项目	生产房屋		生产桥		
	仓库	生产及辅助生产房屋	小桥、涵洞	中桥	大桥
单位	元/(m^2·年)		元/(座·年)		
定额标准	20	30	4500	6000	7500
定额编号	5001	5002	5003	5004	5005